石油石化有害因素防护系列口袋书

炼化企业硫化氢防护口袋书

中国石油化工集团有限公司安全监管部
中国石化集团公司职业病防治中心
组织编写

U0872535

中国石化出版社

内 容 提 要

本书为《石油石化有害因素防护系列口袋书》之一，描述了硫化氢基本性质，列出了炼化企业硫化氢的分布、易发生硫化氢中毒的作业环节，并且从工程防护、管理措施防护、应急救援等方面进行了详细的描述。

本书以文字加图片形式，一目了然、简明扼要，有利于指导炼化企业员工做好硫化氢中毒预防、认识和掌握硫化氢的危害及防护措施，可作为员工培训使用，也适合接触硫化氢的操作人员、从事安全、职业健康工作的技术和管理人员参考。

图书在版编目（CIP）数据

炼化企业硫化氢防护口袋书 / 中国石油化工集团有限公司安全监管部，中国石化集团公司职业病防治中心组织编写 .— 北京：中国石化出版社，2020.1（2021.11 重印）

（石油石化有害因素防护系列口袋书）

ISBN 978-7-5114-5636-6

Ⅰ . ①炼… Ⅱ . ①中… ②中… Ⅲ . ①石油炼制 – 硫化氢 – 防护 Ⅳ . ① TE62

中国版本图书馆 CIP 数据核字 (2020) 第 005923 号

中国石化出版社出版发行

地址：北京市东城区安定门外大街 58 号

邮编：100011　电话：(010) 57512500

发行部电话：(010) 57512575

http://www.sinopec-press.com

E-mail:press@sinopec.com

北京富泰印刷有限责任公司印刷

全国各地新华书店经销

*

787 × 1092 毫米 32 开本 2 印张 34 千字

2020 年 3 月第 1 版　2021 年 11 月第 2 次印刷

定价：20.00 元

《炼化企业硫化氢防护口袋书》

编 委 会

主　　编： 刘春祥　姚　冰

副 主 编： 吴梅香　张宝成

编写人员： 吴梅香　张宝成　傅迎春　孙海红
孟令娟　赵学旺　王俊红　张慧君
田佩军　李大伟　王　勇　刘　艳
安　骁　孙红曼　李　超　李晓静
李　勇

前言

硫化氢是一种高毒物品，产生于石油开采、石油炼制、采矿工业以及制煤气、制革、制药、造纸、合成化学纤维等生产过程，具有分布广、毒性大等特点。硫化氢是窒息性气体，主要引起细胞内窒息，导致中枢神经系统、肺、心脏及上呼吸道黏膜刺激等多脏器损害。当接触浓度达 1000mg/m^3 以上时，可发生“电击样”中毒（数秒内突然昏迷倒下，瞬间呼吸停止）。

为了指导炼化企业员工做好硫化氢中毒预防，认识和掌握硫化氢危害的防护措施，我们编制了《炼化企业硫化氢防护口袋书》。以便于读者尽快掌握以下内容：

- 硫化氢的特点？
- 硫化氢对人的危害有哪些？
- 炼化企业接触硫化氢的机会？
- 如何做好硫化氢防护？
- 硫化氢事故救援原则？

本书中我们将图文并茂地一一回答这些问题。

目录

一、硫化氢的理化性质

硫化氢（Hydrogen Sulfide）分子式为 H_2S，相对分子质量为 34.08，常温常压下为无色气体，有恶臭（臭鸡蛋的味道）。易溶于水，也溶于醇类、石油溶剂和原油中。

硫化氢易燃，自燃点 260℃，与空气混合能形成爆炸性混合物，遇明火、高热能引起燃烧爆炸；与浓硝酸或其他强氧化剂剧烈反应，发生爆炸。硫化氢气体密度比空气大，能在较低处扩散到相当远地方，遇到明火会引起回燃。

硫化氢已纳入《高毒物品目录》和《危险化学品目录》中。

国际上习惯用体积分数，用 ppm 表示。我国标准中常用质量比浓度，用 mg/m^3 表示。

ppm 与 mg/m^3 如何换算？

20℃时，$1ppm \approx 1.42mg/m^3$

二、硫化氢职业接触限值和立即威胁生命和健康的浓度

工作场所硫化氢职业接触限值：

最高容许浓度（MAC）不超过 $10mg/m^3$；

立即威胁生命和健康的浓度（IDLH）为 $142mg/m^3$（或 100ppm）。

三、硫化氢对人体的健康危害

硫化氢是窒息性气体，主要引起细胞内窒息，导致中枢神经系统、肺、心脏及上呼吸道黏膜刺激等多脏器损害。硫化氢主要由呼吸道侵入体内。

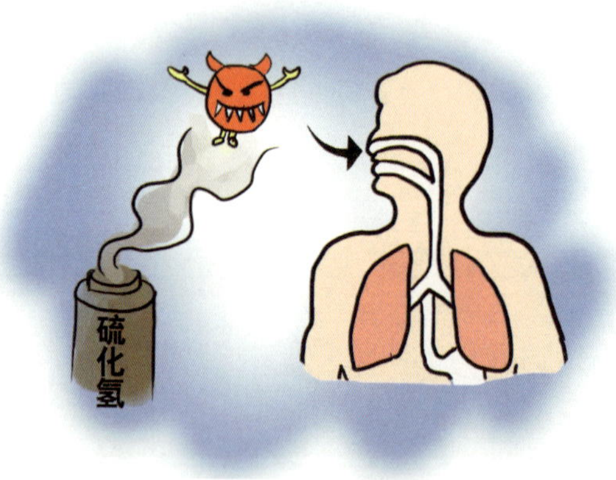

不同硫化氢浓度对人的影响见下图。

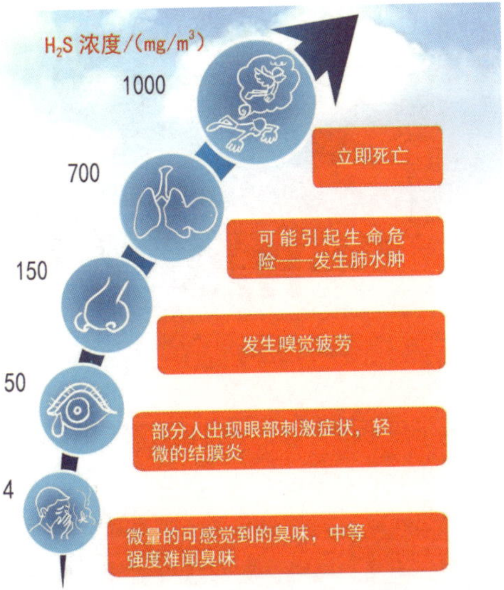

因 H_2S 引起的急性中毒发病迅速，出现以脑和（或）呼吸系统损害为主的临床表现，亦可伴有心脏等器官功能障碍。

临床表现可因接触硫化氢的浓度不同而有明显差异。低浓度时对呼吸道及眼的局部刺激作用明显，高浓度时全身作用较明显，表现为中枢神经系统症状和窒息症状。

1. 轻度中毒

主要引起眼结膜及上呼吸道刺激症状，有畏光、流泪、眼刺激、流涕、鼻及咽喉灼热感，可有明显的头昏、头痛、乏力等神经系统症状。一般数小时或数天后自愈。

2. 中度中毒

接触浓度在200~300mg/m^{3}时即出现中枢神经系统中毒症状，可出现头痛、头晕、乏力、恶心、呕吐、共济失调，可发生轻度意识障碍。同时引起上呼吸道黏膜刺激症状，如鼻咽喉部灼痛、流涕、咳嗽、胸部压迫感等。眼刺激症状往往较强烈，有流泪、视觉模糊、眼刺痛等。

3. 重度中毒

出现头痛、头晕、心悸、呼吸困难、步态蹒跚、意识模糊，如继续接触可因呼吸麻痹而死亡。昏迷和抽搐持续时间较久者可发生中毒性肺炎、肺水肿或脑水肿。接触极高浓度时（1000mg/m^3），可发生“电击样”中毒，在数秒钟内呼吸骤停而死亡。

硫化氢的嗅觉阈为 0.011mg/m^3，起初臭味的增强与浓度的升高成正比，当浓度超过 70mg/m^3，吸入 2~15min 即发生嗅觉疲劳，故不能依靠其臭味强烈与否来判断有无危险浓度出现。

⚠ 用鼻子来作为检测硫化氢是否存在的手段是非常危险的！

四、接触机会

硫化氢中毒多由于含有硫化氢介质的设备损坏，输送含有硫化氢介质的管道或闸门漏气，操作人员违反操作规程或者由于生产事故等致使硫化氢大量生成或逸出导致。由于含硫化氢的废气、废液排放不当或在无适当个体防护情况下进行疏通下水道、粪池、污水池等密闭空间作业也会导致硫化氢中毒事故发生。

1. 常见的易发生硫化氢中毒的作业环节

（1）石油、天然气以及煤气化生产装置和含有硫化氢的设备、管线出现泄漏事故。

（2）含硫化氢介质的操作：

含硫化氢的储罐非密闭检尺、切水操作等；

含硫化氢物料非密闭采样；

含硫化氢污水切水、排凝作业，污水处理场污水池、污水泵、污水管道维修、清理作业等。

（3）含硫化氢介质的设备检维修作业期间。

2. 炼化企业主要装置硫化氢的分布

（1）常减压蒸馏装置

分布于原油泵、电脱盐罐（有电脱盐环节情况下）、初馏塔、初馏塔回流罐、常压塔、常压汽提塔、常顶回流罐、地下污油罐、减压塔、减压汽提塔、减顶回流罐、减顶分液罐、减顶瓦斯罐、空冷器、换热器、含硫污水泵、各回流泵、低分气压缩机等处。

（2）催化裂化装置

分布于原料油系统、提升管反应器、分馏系统、稳定吸收系统、气压机、脱硫脱硫醇系统的设备管线等处。

（3）延迟焦化装置

分布于压缩机入口分液罐、离心压缩机、富气空冷器、饱和吸收油冷却器、吸收塔入口分液罐、吸收塔、稳定塔、换热器、脱吸塔进料泵、稳定塔顶冷凝器、焦炭塔（切焦作业）、焦水泵等处。

（4）加氢裂化装置及其他加氢装置

分布于加氢反应器、热高分罐、热低分罐、冷高分罐、冷低分罐；富胺罐及机泵、循环氢脱硫塔、脱硫化氢汽提塔、吸收脱吸塔、石脑油稳定塔、塔顶回流罐及相应的机泵、循环氢压缩机、换热器、空冷器、含硫污水罐、含硫污水泵等处。

（5）连续重整装置

分布于加氢反应器、加氢换热区、反应产物分离器、汽提塔顶回流罐、塔顶空冷区、压缩机区、泵区等处。

（6）溶剂再生装置

分布于富液闪蒸罐底及其管线、机泵、溶剂再生塔及其塔顶回流罐、富胺液泵等处。

（7）硫黄回收装置

分布于酸性气分液罐、酸性气燃烧炉、转化器、硫冷凝器、加氢反应器、急冷塔、吸收塔、再生塔、塔顶回流罐及其相连接的管线、机泵；液硫池、液硫成型包装线等处。

（8）乙烯裂解装置

分布于裂解炉、急冷器、汽油分馏塔、急冷水塔、工艺水气提塔、碱洗塔、压缩机等处。

五、硫化氢防护工程控制措施

（1）优先采用先进的机械化、自动化、密闭化工艺设备，避免直接人工操作。

（2）在工艺条件允许的情况下，尽可能将硫化氢产生源密闭起来，通过通风管将含硫化氢空气排出，送往吸收装置。作业时，先启动吸收系统，保证生产过程中设备内为负压操

作状态，防止微量硫化氢气体外逸。

（3）对含硫的石油和天然气进行脱硫处理。

（4）设备管线选用合适的抗腐蚀材质，长期停工和暂不开工的生产装置，应进行化学清洗或钝化处理等措施，防止造成装置严重腐蚀和设备损坏。

（5）存在硫化氢的室内工作场所设置全面通风或局部通风设施，通风设施满足 GBZ 1 的要求。

可能发生硫化氢泄漏或逸散的室内工作场所，应设置事故通风装置及与事故排风系统相联锁的泄漏报警装置。事故通风的通风量、进风口、排风口设置符合 GBZ 1 的要求。

事故通风装置控制开关应分别设置在室内、室外便于操作的地点。

（6）含硫化氢介质的物料采样系统应根据物料特点，设计适宜的密闭采样设施。

（7）含硫化氢的酸性水、酸性气排放及含硫化氢酸性水切水设施，应设计为密闭排放系统。含硫污水应密闭送入污水汽提装置处理。

（8）存在硫化氢泄漏或大量逸散的工作场所应设置固定式硫化氢检测报警仪，当不具备设置固定式的条件时，应配置便携式硫化氢检测报警仪。检测报警仪的选用、设置、数量、管理与维护参照 GBZ/T 223 和 GB 50493 的要求执行。

硫化氢检测报警仪可设置预报值 $5mg/m^3$、警报值 $10mg/m^3$，若试验用标气调制困难时，可设置警报值 $10mg/m^3$、高报值 $30mg/m^3$。

六、硫化氢防护管理措施

1. 一般原则

（1）设置或指定职业卫生管理机构，配备专职或兼职的职业卫生管理人员。

制定职业卫生管理制度及职业卫生操作规程，杜绝盲目作业、违章作业。

（2）存在硫化氢危害的企业，新建、改建、扩建、技术改造和引进项目的职业病防护设施的设计应与主体工程同时设计、同时施工、同时投入和使用，使工作场所硫化氢浓度符合国家要求。

（3）用人单位将可能存在硫化氢危害的作业承包给其他用人单位或个人时，应严格审查承包单位的职业健康作业条件，告知工作场所可能存在的硫化氢危害、分布及采取的防护措施。用人单位与承包单位签订的作业合同应明确双方在职业病防护中的职责。

2. 作业过程防护

（1）用人单位应对本单位工作场所硫化氢分布及可能泄漏或逸出情况进行辨识分析，确定硫化氢重点防护区域及重点作业环节。

（2）应在便于观察处设置醒目的风向标，采用高点、低点双点设置方式。作业人员应位于产生硫化氢源的上风侧操作。

（3）进入存在硫化氢的工作场所，应携带个人防护用品及便携式硫化氢检测报警仪。

（4）在可能发生硫化氢泄漏或逸散的室内工作场所，应开启通风设施，并经常性检查与维护。

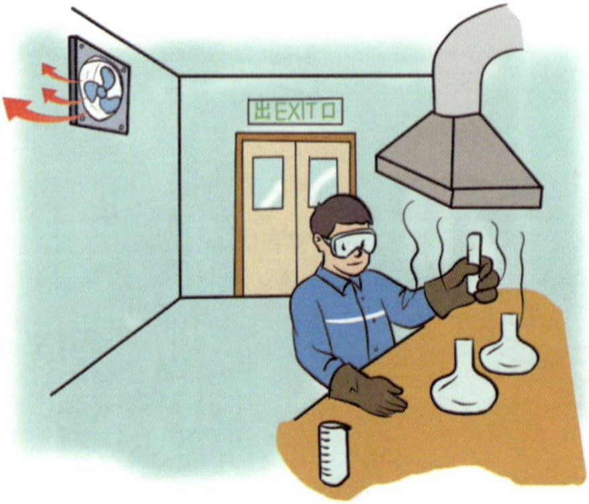

（5）进入含硫化氢介质设备前，应切断一切物料，彻底冲洗、吹扫、置换，加好盲板；取样分析硫化氢含量及氧含量合格，落实好安全防护措施。在有人监护的情况下方可进入作业。

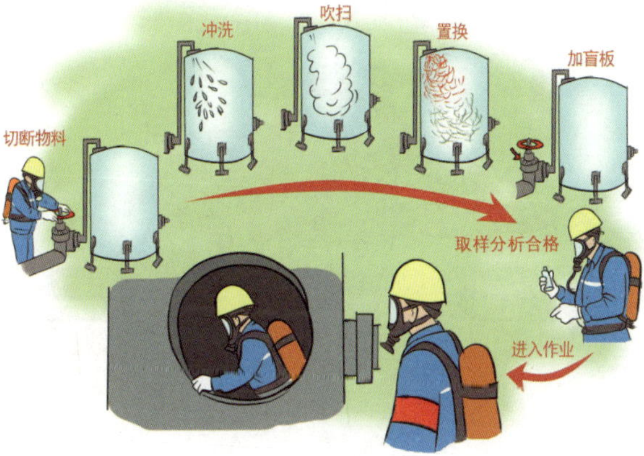

（6）在含有硫化氢的油罐、粗汽油罐、轻质污油罐、污水罐及含酸性气瓦斯介质等设备上作业时，必须佩戴适用的防护器具，并有专人监护。

（7）因原料组分、加工流程、装置或操作条件发生变化可能导致硫化氢浓度超过允许含量时，主管部门要立即通知有关车间、班组或岗位。主要装置控制室应设置含硫原料（介质）硫或硫化氢含量动态显示牌。

（8）含硫污水应密闭送入污水汽提装置处理，禁止排入其他污水系统或就地排放。保证脱硫和硫黄回收装置的正常运转，做好设备、管线密封，禁止将硫化氢气体直接排入大气。

（9）硫化氢检测仪器报警时，作业人员应佩戴防护用具、检查泄漏点、准备防护用具并向上级报告，同时疏散下风向人员，禁止一切动火作业，迅速查明泄漏原因并控制泄漏；抢救人员立即进入戒备状态。硫化氢浓度持续上升无法控制时，要立即疏散人员并实施应急预案。

（10）可能发生硫化氢中毒的作业场所，在未采取有效防护措施的情况下，任何单位和个人不得强制作业人员进行作业。同时，作业人员有权拒绝进行作业，并可直接向上级安全主管部门报告。

（11）进入工业下水道（井、污水井）、密闭容器等危险场所作业，要遵守进入受限空间作业相关规定。在中国石化所属企业作业，要遵照《中国石化进入受限空间作业安全管理规定》。

3. 职业健康培训

凡在职业活动中可能接触硫化氢的人员（含承包商）都应进行硫化氢防护培训，每年至少培训一次。培训应有考核记录，且培训对象考核合格后方可持证上岗。

新上岗人员应接受硫化氢防护培训，经考试合格后方可进入硫化氢工作场所。

培训内容包括：

硫化氢的理化性质、毒性、健康危害；硫化氢的防护管理规定、职业卫生操作规程；工作场所硫化氢分布，可能泄漏或逸散部位；检测及报警系统；疏散线路；职业病防护设施及维护；个体防护用品的使用及维护；中毒人员现场急救方法、心肺复苏术；事故应急救援预案及事故典型案例。

临时进入硫化氢工作场所的其他人员应重点培训硫化氢

健康危害、进入场所硫化氢分布、出口线路、紧急情况下处理措施及个人防护用品使用方法等内容。

4. 职业健康监护

按照 GBZ 188《职业健康监护技术规范》要求组织硫化氢作业人员进行职业健康检查，建立职业健康监护档案。用人单位将检查结果书面告知劳动者本人的记录要留档备查。

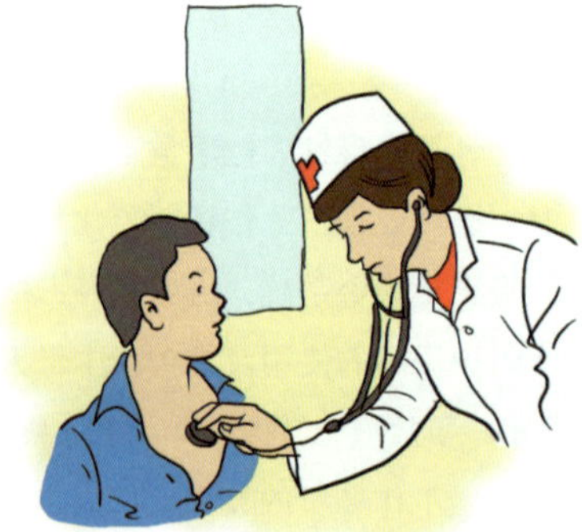

5. 职业病危害因素检测

建立硫化氢作业场所日常监测制度，按中国石化《职业卫生技术规范》要求，每月监测 1 次。按国家要求，委托有资质的职业卫生检测机构进行作业场所硫化氢浓度检测与评价，每年至少 1 次。

在生产波动、有不明原因的人员昏倒及特殊作业前（进入含硫化氢塔、容器、污水池内、下水道等作业）均应进行硫化氢检测。检测结果应及时告知作业人员。

日常监测、检测中发现的硫化氢浓度超标情况应立即通知作业单位，查找原因，及时整改。

6. 危害告知

用人单位应将工作过程中可能接触硫化氢的危害程度、危害后果、提供的职业病防护设施、个人使用的职业病防护用品、职业健康检查和相关待遇等如实告知劳动者，不得隐瞒或者欺骗。

用人单位与劳动者订立劳动合同时，应在劳动合同中写明工作过程可能产生的职业病危害及其后果、职业病危害防护措施和待遇（岗位津贴、工伤保险）等内容。详见下页。

职业病危害告知书示例

根据《职业病防治法》第三十四条的规定，用人单位（甲方）在与劳动者（乙方）订立劳动合同时应告知工作过程中可能产生的职业病危害及其后果、职业病防护措施和待遇等内容：

（一）所在工作岗位、可能产生的职业病危害、后果及职业病防护措施。

所在部门及岗位名称	职业病危害因素	职业禁忌证	可能导致的职业病危害	职业病防护措施
例：×× 车间 ×× 工	硫化氢	中枢神经系统器质性疾病	急性硫化氢中毒	密闭化、自动化、报警设施、风向标、警示标识、个体防护用品配备等

（二）甲方应依照《职业病防治法》及《职业健康监护技术规范》（GBZ 188）的要求，做好乙方上岗前、在岗期间、离岗时的职业健康检查和应急检查。一旦发生职业病，甲方必须按照国家有关法律、法规的要求，为乙方如实提供职业病诊断、鉴定所需的劳动者职业史和职业病危害接触史、工作场所职业病危害因素检测结果等资料及相应待遇。

（三）乙方应自觉遵守甲方的职业卫生管理制度和操作规程，正确使用维护职业病防护设施和个人职业病防护用品，积极参加职业健康知识培训，按要求参加上岗前、在岗期间和离岗时的职业健康检查。若被检查出职业禁忌证或发现与所从事的职业相关的健康损害的，必须服从甲方为保护乙方职业健康而调离原岗位并妥善安置的工作安排。

（四）当乙方工作岗位或者工作内容发生变更，从事告知书中未告知的存在职业病危害的作业时，甲方应与其协商变更告知书相关内容，重新签订职业病危害告知书。

（五）甲方未履行职业病危害告知义务，乙方有权拒绝从事存在职业病危害的作业，甲方不得因此解除与乙方所订立的劳动合同。

（六）职业病危害告知书作为甲方与乙方签订劳动合同的附件，具有同等的法律效力。

甲方（签章）　　　　　　　　　　乙方（签字）

年　月　日　　　　　　　　　　　年　月　日

在可能发生硫化氢泄漏的场所应设置醒目的中文警示标识、告知卡、红色警示线、检测结果告知栏、风向标。

告知卡应当标明职业病危害因素名称、理化特性、健康危害、接触限值、防护措施、应急处理及急救电话、职业病危害因素检测结果及检测时间等。

告知卡应设置在产生或存在硫化氢作业岗位附近的醒目位置。

警示线设在生产、使用有毒物品的车间周围外缘不少于30cm处，警示线宽度不少于10cm。

红色警示线

职业危害告知卡

有毒物品　注意防护　保障健康

	健康危害	理化特性
硫化氢 Hydrogen sulfide	可经呼吸道进入人体。主要损害中枢神经、呼吸系统，刺激黏膜。表现为流泪、畏光、眼刺痛、咽喉部灼热感、咳嗽、胸闷、头痛、头晕、恶心、呕吐、乏力、重者抽搐、呼吸困难。吸入高浓度可立即昏迷，可致猝死。	无色气体，有臭鸡蛋气味，溶于水，与空气混合可发生爆炸。与浓硝酸或其他强氧化剂剧烈反应。对金属有强腐蚀性。

当心中毒

应急处理

抢救人员穿戴防护用具，加强通风，速将患者移至空气新鲜处，去除污染衣物；注意保暖、安静；皮肤或眼污染后用流动清水清洗至少20min；呼吸困难者给氧，必要时用合适的呼吸器进行人工呼吸；心肺骤停，必须现场行心肺复苏术，立即与医疗急救单位联系抢救。

防护措施

工作场所空气中最高容许浓度（MAC）不超过10mg/m³，IDLH浓度为142mg/m³，属酸性气体，由于能引起嗅觉疲劳，警示性低。密闭、局部排风、呼吸防护。禁止明火、火花、高热，使用防爆电气和照明设备。工作场所禁止饮食、吸烟。

急救电话：120　　咨询电话：010-83132345　　消防电话：119

提示标识如下：

检测结果公告牌如下：

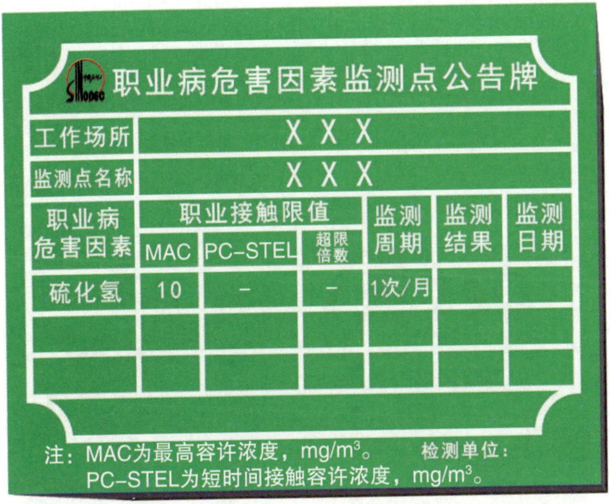

职业病危害因素监测点公告牌

工作场所	X X X					
监测点名称	X X X					
职业病危害因素	职业接触限值			监测周期	监测结果	监测日期
	MAC	PC-STEL	超限倍数			
硫化氢	10	-	-	1次/月		

注：MAC为最高容许浓度，mg/m³。　　检测单位：
PC-STEL为短时间接触容许浓度，mg/m³。

公告栏应设置在方便劳动者观看的醒目位置。

7. 个体防护

根据作业场所日常监测、检测与评价结果，选择国家认可的、符合 GB/T 11651—2008《个体防护装备选用规范》和 GB/T 18664—2002《呼吸防护用品的选择、使用与维护》要求的、针对硫化氢的呼吸防护用品及眼睛防护用品。

作业场所硫化氢浓度未知、达到或超过 IDLH 浓度，以及在应急状态下，要佩戴全面罩的正压式空气呼吸器和便携式硫化氢检测报警仪。

禁止任何人员不佩戴合适的防护器具进入可能发生硫化氢中毒的区域，禁止在有毒区内脱卸防毒用具。

七、应急救援

1. 基本原则

（1）用人单位应建立应急救援组织机构，配备应急救援人员，制订应急救援预案并定期进行演练。

（2）配备事故应急救援设施，建立健全维护管理制度，保证应急救援设施处于正常使用状态。

（3）宜与附近有应急救援能力的医疗机构签订事故医疗救援协议，保证发生事故时医疗机构能够及时参与医疗救援。

（4）发生硫化氢中毒时，救护人员应佩戴适用的防护用具，立即将中毒人员移离中毒现场。

（5）严禁无防护救援，事故抢险救援人员应佩戴正压式空气呼吸器。密闭空间尽可能施行非进入救援。

（6）迅速查明事故原因，第一时间控制硫化氢中毒发生源，避免事态进一步扩大。

（7）应急救援人员应经过专业机构的专业培训，培训内容包括基本的急救、心肺复苏术、空气呼吸器的使用等。

2. 应急救援预案

用人单位应结合实际情况，针对可能发生的硫化氢中毒事故制定专项应急救援预案。专项应急预案应包括以下要素：事故特征及危险程度分析、应急组织机构及职责、预防与预警、应急保障等。同时，用人单位要根据实际情况变化对应急救援预案适时修订。

每年至少进行一次应急预案的演练，做好演练过程的记录和总结。

3. 应急救援设施

存在硫化氢的工作场所应配备事故应急救援设施，建立健全维护管理制度，保证应急救援设施处于正常使用状态。

应急救援设施包括工作场所设置的报警装置、现场急救用品、气体防护柜、洗眼器、喷淋装置等冲洗设备和强制通风设备，以及应急救援使用的个人防护用品、通信、运输设备等。

急救箱配置、紧急救援站或有毒气体防护站使用面积及装备参考 GBZ 1—2010《工业企业设计卫生标准》。气防柜内配备的应急救援设施参考相关标准执行。

空气呼吸器由储存压缩空气的气瓶、减压阀、背托架、供气阀、面罩、压力表等组成。

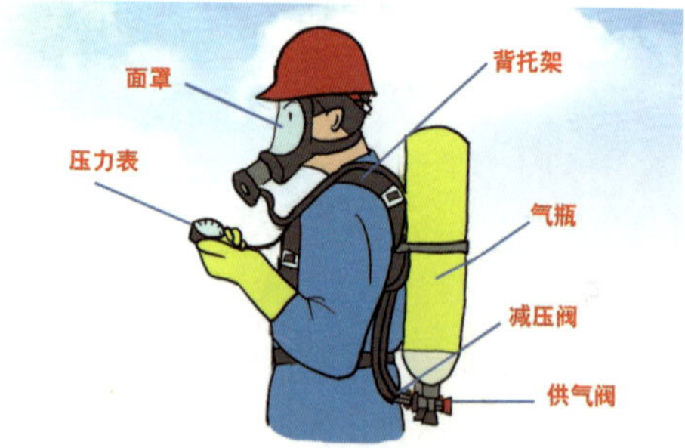

有效的正压式空气呼吸器的条件：

气瓶里充满干净的空气，压力在 28~30MPa；高中压管路气密性良好；低压报警器工作正常；面罩密封性良好；肩带、腰带、头带等固定牢固并保持在原始状态；面罩清洁卫生；呼吸器各部件在使用年限内，气瓶定期进行压力测试。

正压式空气呼吸器的佩戴步骤：

一背；二整理；三挂；四开；五戴面罩；六试密封；七对接；八正常呼吸。

正压式空气呼吸器的使用注意事项：

使用前（即前期准备）对正压式空气呼吸器进行全面检查；使用中随时观察压力表的变化和报警哨的声音；使用后关闭气瓶，压力表回零，整理装箱。

正压式空气呼吸器所使用的气瓶要选择有资质的部门，定期进行压力测试。

4. 现场应急救援

（1）发生硫化氢泄漏或中毒事故时，立即报告相关部门（在应急预案中明确），停止引起硫化氢中毒事故的作业，启动应急救援预案和控制措施。

（2）事故现场应划出危险区域，设立警示标识和警戒线，建议硫化氢浓度在 10mg/m^3 以上的区域均设为限制进入区域，与抢险无关的人员及车辆不得进入警戒区域。

（3）事故现场作业人员立即撤离事故现场。当接到硫化氢泄漏的警报后，作业人员应该辨别出风向，逆着风向（往上风方向）迅速撤离出危险区域到安全的地方。撤离时，一定要朝着地面高处跑。

在没有可供选择的安全防护设备的情况下，应屏住呼吸，再用湿毛巾折叠几层捂住口鼻后，迅速撤离到安全区域。

（4）现场有人员中毒时，救援人员应迅速将中毒人员转移至事故现场外上风向空气新鲜处，保持呼吸道通畅，吸氧。如呼吸、心跳停止，立即实施人工心肺复苏术，送附近医疗机构救治。

（5）事故抢险救援人员进入硫化氢事故区域，在确保自身安全情况下，切断泄漏源，修复泄漏点，清理泄漏物，救援过程禁止动火作业，控制事故的进一步扩大。

（6）按照 GBZ/T 205—2007《密闭空间作业职业危害防护

规范》的应急救援要求，进行密闭空间应急救援。

（7）加强事故现场通风，尽快消散泄漏的硫化氢。

（8）硫化氢浓度持续上升而无法控制时，应立即向当地政府部门报告，疏散下风向的居民，实施应急方案。

5. 中毒人员救护原则

（1）迅速脱离现场

将中毒人员移离事故现场至上风向的安全地带，以免毒物继续侵入，医务人员根据病情迅速进行分类、检查、处理。救护人员做好自我保护，佩戴好防护用品。

（2）防止毒物继续吸收

吸入中毒者，立即被送到空气新鲜处，保持呼吸道通畅，必要时吸氧。

（3）心肺脑复苏

中毒者被救出事故现场，如呼吸、心跳停止，立即进行心肺脑复苏。

（4）立即送医院治疗

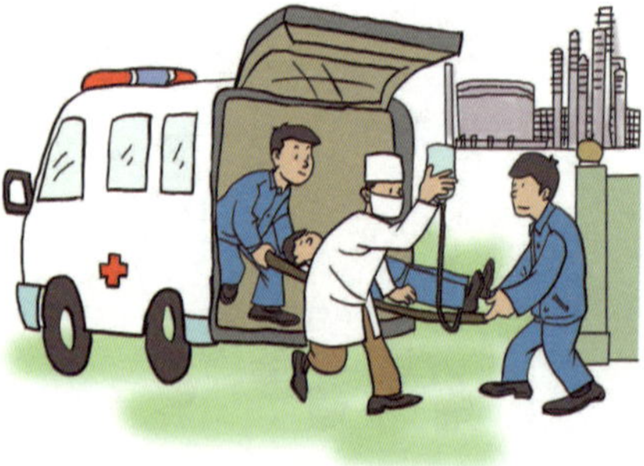

6. 心肺复苏（CPR）

（1）为什么要学心肺复苏 CPR？

从心脏骤停向生物学死亡，主要取决于心脏骤停心电活动的类型和心肺复苏的及时性。如在心脏骤停头 4~6min 内未予心肺复苏，则预后很差。如在头 8min 内未予心肺复苏，则几无存活。80% 以上心脏骤停患者发生在医院外；40% 以上死于发病后 15min；急救部门到达现场的时间难保障；4~6min 为急救黄金段。

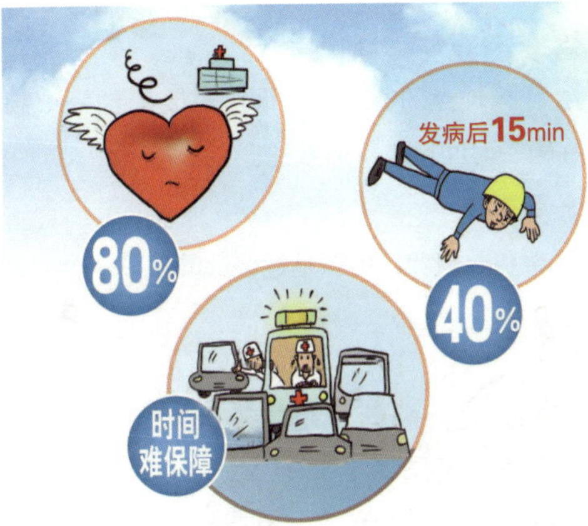

（2）CPR 实施时间与成功率

心搏骤停 4min 内，抢救成功率约 50%；

心搏骤停 6min 内，抢救成功率约 10%；

超过 6min 后，成功率仅为 4%；

超过 10min 以上，抢救成功率几乎为 0。

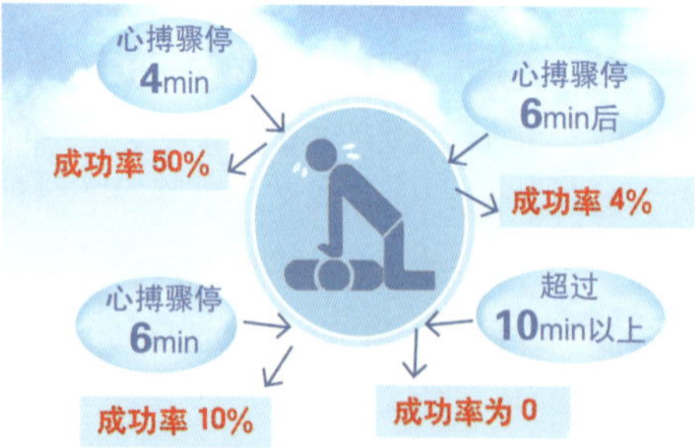

7. 院前急救

指发生在任何地点的急、危、重伤病员在进入医院前由第一目击者在第一时间里进行的救护。

（1）第一目击者

第一个呼救和救护者，可以是社会上的任何一个人。

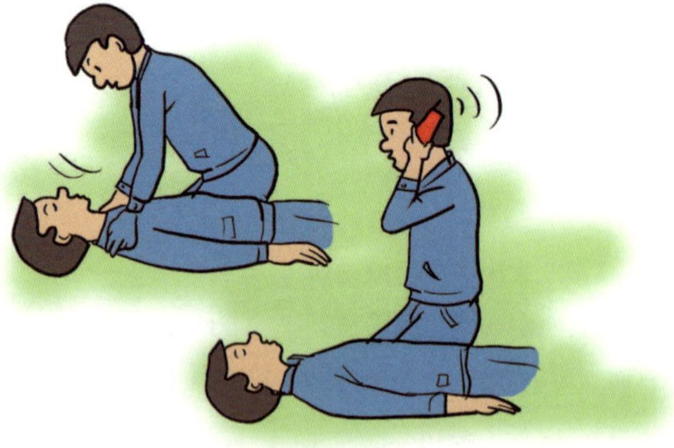

（2）生存链

“生存链”就是指 从“第一目击者”发现伤员开始，到专业救护人员到达现场进行抢救的一系列行为构成“链”。美国心脏协会心血管急救成人生存链包括：

①立即识别心脏骤停并启动急救系统；

②尽早进行心脏复苏，着重于胸外按压；

③快速除颤；

④有效的高级生命支持；

⑤综合的心脏骤停后治疗。

电话求救

心肺复苏

除颤

高级生命支持

综合心脏骤停后治疗

（3）如何打急救电话？

①拨通急救电话 120 后，向接线员报告以下信息：

• 报告人姓名及电话号码；

• 伤病员所在的确切位置；

• 所需急救的人数、伤病员目前危重情况、已经采取的急救措施。

②在征得急救中心同意后再挂断电话。

③挂断电话后，应疏通搬运伤病员的过道，引导救护车的出入。

八、事故案例

某石化公司炼油厂加氢精制联合车间柴油加氢精制装置在停工过程中发生硫化氢中毒事故。

1. 事故经过

某石化公司炼油厂加氢精制联合车间航煤脱臭装置正常生产，柴油加氢装置按照公司的统一安排进入停工处理阶段：11 时柴油加氢装置热氢带油结束，反应系统处于降温降压过程中。车间技术干部 A 某 15 时 30 分安排白班人员对 V–101 罐进行泄压（通过航煤脱臭装置在用的 V–206 罐泄往低压瓦斯系统管网），操作工按操作卡要求进行泄压操作。此后 3 个小时 V–101 压力逐渐上升至 1.0MPa。

在白班与中班的交接班会上，车间技术干部 A 某再次口头安排接班班组接班后，对 V–101 罐进装置新氢阀门进行检查。明确是否存在阀门内漏或关闭不严的现象；检查完毕后，对 V–101 罐进行泄压操作，准备对进装置新氢阀门的后法兰处打盲板。

18 时 30 分，车间技术人员周某开具了检维修工作票，通知设备安装公司检修人员准备对该阀加装盲板（该阀位于管廊上，距地面高度 4.3m，管径 150mm）。

18 时 43 分 DCS 显示 V–101 罐压力上升至 1.02MPa，当班班长进行泄压作业，当压力卸至 0.2MPa 时，为了验证进装置新氢阀是否存在关不严或存在内漏现象，他打开进 V–101 新氢阀门后，又迅速关闭该阀门，随后关闭了 V–101 罐底的压液阀。回到操作室后，安排当班操作人员玉某进行 V–101 罐的泄压操作。玉某打开 V–101 罐底压液阀后用对讲机询问内操：目前泄压后压力是否可以？主操答复：可以。随即返回操作室待命。

检修施工作业班长郭某接到工作票后，办理了高处作业票，于 18 时 50 分带领施工人员王某、孟某、吴某、周某等四人来到现场。其中郭某在地面监护，吴某等四人上到管廊上系好安全带，王某、周某首先开始拆卸法兰螺栓，孟某、吴某在一侧等待替换。车间运行三班班长指派岗位人员玉某共同地面监护。

19 时 15 分，作业人员先后松开全部 8 颗螺栓，当拆下上部两颗螺栓时，外泄气体量有所增大，随即在一侧等待替换的孟某 (人员位置处在下风侧) 昏倒在管廊架上，其他作业人员立即进行施救。吴某在救孟某时摘除了安全带，施救过程中昏倒并从管廊缝隙中坠落。在地面监护的郭某和玉某立刻前往车间呼救。

车间管理人员朱某、王某、周某闻讯后，立刻赶到现场，分别爬上管廊和脚手架施救，在救护过程中，朱某中毒从脚手架坠地，王某、周某也先后中毒。其他赶来的施救人员佩戴空气呼吸器爬上管廊将中毒人员抢救到地面。120急救车到后，送往职工医院抢救。

2. 事故原因

（1）直接原因

由于操作工在进行V–101罐向在用的V–206罐泄压过程中，违反生产受控管理制度，没有使用操作卡，责任心不到位，违章操作，未及时关闭V–101罐底压液阀；加装盲板的工作负责人以及当班其他人员没有认真确认施工作业条件，当新氢线法兰松开后，V–206罐内含高浓度H_2S气体的低压瓦斯倒串至法兰处向大气泄放，造成人员中毒（事故发生5h后检测V–101罐内残存气体中H_2S含量为$42g/m^3$）。

（2）间接原因

①违章指挥，生产受控不落实。

一是，停工过程中出现异常，没有认真分析原因，也没有进行评审，违反了变更管理的要求。5月11日15时30分，白班操作人员按车间技术人员的安排，进行了新氢系统的第一次泄压操作。但压力泄下后又重新上升，到18时43分，压力上升至1.02MPa。车间技术人员没有认真分析原因，更没有进行评审，在18时30分开具了打盲板的检维修工作票。

二是，技术干部违反《停工规程》，在打新氢线盲板前没有严格按照《停工规程》的要求安排对新氢线进行氮气置换。

三是，本次加氢停工，炼油厂对《停工规程》进行了厂级评审：针对新氢线打盲板风险进行了重点讨论，认为V-101泄压后打盲板作业仍然存在氢气和硫化氢的风险。要求在进行加装新氢线盲板作业时要对新氢线进行氮气置换并对置换结果进行分析化验。车间在修改后的规程中也做出了相应的修订完善，并编制了“V-101泄压操作卡”和“V-101泄压置换，打氢气进装置盲板”两张操作卡。但实际作业时，既没有进行氮气置换，也没有进行分析化验，依然是按照修改前的停工规程进行操作。

四是，操作指令的下达没有执行操作卡制度。按照生产受控的要求，操作指令的下达，必须填写操作卡，以操作卡的形式下发给操作人员执行。但车间技术人员却无视规章制度，小夜班的两次泄压操作均是口头下指令。接班后班长明知生产工艺状况已经发生重大变动，在技术干部口头安排工作后，非但没有要求车间技术干部签发重新评审编制的“泄压操作卡”，自己也向操作工口头安排工作。层层违反生产受控管理的要求，违章指挥。

②施工作业过程中没有落实防止硫化氢中毒的安全措施。

作业前，在本次作业的风险评价报告表中，已经识别到有硫化氢中毒的风险，但却没有制定任何防止硫化氢中毒的措施。作业前开具的检修工作票上明确要求：检修部位置换、卸压至零；必须使用防爆工器具。但实际作业时，既没有确认进行氮气置换，也没有确认系统卸压至零，就已开始作业。

作业时也没有使用防爆工具。

③各级人员责任心严重缺失，工作不负责任。

施工作业安全措施不落实，签票人员责任心缺失。检维修工作票上的各项安全措施并没有落实，但车间监护人、值班长、技术人员、车间副主任、检修负责人都在作业票上签了字。五道关口，没有一人真正到现场去落实，没有一人认真负责，只是为了签票而签票，使得作业票证管理流于形式。

现场施工作业的五人当中只有施工方监护人的名字出现在高处作业票上，管架上作业的四人却都不是票证上的签名人；高处作业票上签名的有六人，实际参加作业和监护的共有五人。车间监护人既没有检查落实安全措施，甚至连核查作业人姓名，数一数人数这样简单的工作都没有去做。

④教育培训流于形式。

加氢精制车间对加氢装置的停工培训工作重视不够。5月8日，虽然车间领导、技术干部、操作人员对停工规程、停工操作卡组织了培训考试，也有培训考试的签字，但从实际情况看，培训同样流于形式，没有起到应有的作用。

技术人员、操作人员对规程和操作卡学习不认真，没有掌握停工规程和泄压操作卡中“V-101 泄压后关闭两道压液阀”的基本要求，导致实际作业过程中出现重大的操作失误，就是培训工作不扎实，效果不好的明证。

监护人在现场没有起到监护作用，说明对监护人的培训也不到位。监护人在施工人员松开新氢线阀门螺栓后发现有黑水从法兰处漏出，却没有采取任何措施，使得监护人的存在失去了意义。

施工作业人员虽然接受了炼油厂、车间的两级安全教育培训，但事发前当法兰螺栓松开后，有气体（氢气）和少量液体冒出时，施工人员没有立即停止作业，暴露出作业人员缺乏应急逃生和自救的避险意识。

⑤应急反应错误，造成事故扩大。

应急中反映出干部意识差、技能差，错误的应急造成事故扩大。听到救援信息后，加氢车间三名管理人员先后赶到现场实施救援，在现场情况不明，没有佩戴任何防护器具的情况下救人，反而造成了事故的扩大。

⑥车间停工组织存在问题。

加氢装置开停工总负责人是生产副主任。但实际上在4月份进行《停工规程》厂级评审时，由于生产副主任在外地进行硫黄回收装置DCS组态工作，装置停工的前期技术准备工作事实上参与很少。

事故发生时，车间主任在炼油厂办公楼开会，生产副主任到新建的三套污水装置“三查四定”，没有领导在现场指挥停工和安排、检查重点工作或关键环节的实施情况，造成“方案”中既定的氮气置换的关键环节没有落实，抓不住工作重点。当泄压出现异常时，没有领导组织评审，没有重新制定方案；工艺技术人员、设备技术人员相互协调不够，各自行事，最终酿成惨祸。